法国儿童图解·小·百科

嘀！交通工具

[法]瓦莱丽·梅纳德　[法]金·休恩　[法]卡罗琳·麦克利什　著
法国微度视觉　绘
大南南　译

华东师范大学出版社
·上海·

公交车
bus

垃圾车
garbage truck

警车
police car

(儿童)滑板车
scooter

执行紧急任务时,警车有优先通行权。当警笛响起时,要让警车先通过!

警察有时会开着警车在城市里巡逻,有时也会骑马或摩托车。

当校车弹出停车标志时,路上的车就要减速,或者停下来等待。

消防车
fire engine

救护车
ambulance

交通信号灯
traffic lights

自行车
bicycle

出租车
taxi

货车
truck

轿车
car

小型摩托车
motor scooter

市内交通工具
vehicle

　　城市里有各种各样的车辆！消防车急着赶赴火灾现场,公交车上坐满了乘客,垃圾车在清理并运输垃圾……道路上熙熙攘攘,白天和晚上都非常热闹!

城市公交车
city bus

公交车站遍布整个城市。城市公交车会按照特定的路线，把乘客从一个站点送到另一个站点。

地铁
subway

地铁主要在地下隧道里运行，有时也会出现在地面的轨道上。

地铁的速度最高可以达到176千米/小时！

有轨电车
tram

有轨电车在市内的铁轨上运行。

它靠电力驱动。

郊区列车
suburban train

郊区列车主要在大城市的郊区运行。

自行车
bicycle

骑自行车不仅方便，还能健身！但请牢记，一定要戴好头盔和护具，在自行车道上骑行。

小型摩托车
motor scooter

这种小型机动车很受人们的欢迎，它易于驾驶和停靠。

小型摩托车按车轮数量可分为两种：两轮车和三轮车。

滑板
skateboard

在一些国家,滑板也是一种交通工具。滑板很小巧,我们可以在安全的地方使用它。你知道吗?玩滑板还能锻炼人的平衡感和快速反应能力呢!

轿车
car

轿车是城市里最常见的车辆,但是它经常遭遇交通堵塞……

交通信号灯通过变换颜色来指挥交通。红灯停,绿灯行,黄灯亮了要注意。

在公路上行驶,必须遵守交通规则。

　　有的车辆是用来确保市民安全的，比如警车、救护车、消防车。出现紧急情况时，这些车就会拉响警笛，迅速赶赴现场！

警察在追捕罪犯时会亮起警灯、拉响警笛！

救护车负责将受伤或生病的人运送到医院。

消防车那鲜艳的红色十分醒目，这是为了能让人们及时看到和避让。

我们可以用不同类型的消防车和消防设施灭火。

这种消防车可以从建筑外面喷水，还有运送设备和帮助消防员升空救人的功能。

云梯消防车
aerial ladder truck
　　伸缩式云梯能帮助消防员扑灭高处的火。

它适用于有水源的道路、小城市和乡镇。

泵浦消防车
pumper fire truck
　　泵浦消防车可直接吸入水源的水来灭火，也可从其他灭火喷射装置处吸水或向其供水。

这种消防车可以在行驶时喷射出泡沫。

机场消防车
airfield fire truck
　　它通常停在机场跑道的特殊建筑物中，这样可以迅速抵达火灾现场。

垃圾车
garbage truck

垃圾车负责清理生活垃圾和大件废弃物,然后把它们运送到垃圾场。

车尾配备的翻斗可以避免垃圾撒落到地上。

回收车
recycling truck

回收车沿着城市街道行驶,收集和运输可回收物,比如纸张、玻璃和一些塑料。

废品的回收和利用有助于减少垃圾数量和温室气体的排放量。

被回收的材料可用于制作新的物品。

清扫车
road sweeper

清扫车利用旋转式清扫刷可以将道路上的落叶和垃圾聚在一起，带到车辆中间，再通过车底的吸尘软管把它们吸进车内的垃圾箱里。

扫雪车
snowplough

在冬季的暴风雪之后，扫雪车会把路面上的雪推开，露出路面，保障人们的安全通行。

有的铁路扫雪车是一节火车车厢，它的任务是把铁轨上的积雪扫下去。

塔式起重机
tower crane

挖掘机
digger

工人
worker

推土机
bulldozer

翻斗车
tipper

在工地上

construction site

　　建筑机械设备可以搭建或拆毁建筑,以及铺砌路面和挖掘隧道等。很多壮观的建筑都是由这些设备合作建造起来的!建造工程或拆除工程所在的地方就是工地。

破拆机器人
demolition robot

混凝土搅拌车
concrete mixer truck

最重的推土机可重达180多吨,相当于约28头成年非洲象的重量。

工人必须遵守规定,穿好安全服,并佩戴安全帽。

为了看起来更加显眼,建筑机械多数是橙色或黄色的。

挖掘机
digger

挖掘机用可以活动的机械手臂挖掘地面，机械手臂末端还能改装成其他设备。

机械手臂旋转时半径*内不能有障碍物。

挖掘机还可以拆除旧建筑。

破拆机器人
demolition

这种机械可以快速拆除极其坚硬的材料。它能在人类不方便进入的地方工作，比如隧道内或矿井中。

破拆机器人的工作需要极高的精准度，必须由经验丰富的工人来操作。

它可以拆除混凝土建筑。

混凝土搅拌车
concrete mixer truck

它可以搅拌混凝土，用于浇筑建筑物地基或者建造外部楼梯。

它有一个大型的旋转搅拌筒。

混凝土是水泥、砂、碎石和水的混合物。

塔式起重机
tower crane

塔式起重机也叫"塔吊"，可以用来吊起和移动高空重物。物品先被挂在吊臂的吊钩上，然后再通过起升钢丝绳被吊起来。

操作塔吊的人就是塔吊司机。

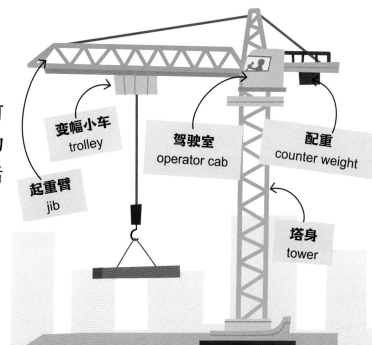

变幅小车 trolley

起重臂 jib

驾驶室 operator cab

配重 counter weight

塔身 tower

修路的时候，工人们会使用各种各样的机械。有些建筑机械的移动还需要依靠履带。履带就像一张滚动的毯子。

推土机把堆积在工地现场的石头和泥土推到一边。

挖掘机会铲起路面上的废料。

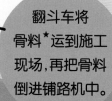

翻斗车将骨料*运到施工现场,再把骨料倒进铺路机中。

铺路机将骨料摊铺在路面上。

压路机将骨料压实,使路面变得光滑平整。

联合收割机
combine harvester

在农场上
farm

耕田、施肥、收割庄稼、储存粮食，农场上的活儿可真不少！正因为这样，农民才需要配备一些能够适应颠簸的地形，并且能节省人力的农用车。

筒仓
silo

农民
farmer

风车
windmill

谷仓
granary

拖拉机
tractor

联合收割机经过适当的改装和调整，可以收割田地里的各种谷物。

拖拉机的功能很多，是农场里用得最多的车辆。

土豆收割机从地里挖出土豆。之后人们再把土豆储藏在阴凉的地方。

邮轮
liner

脚踏船
pedalo

在水上
water

　　无论是出于娱乐的目的还是工作的需要,有了水上交通工具,我们才能在水上航行!有些水上交通工具靠机器驱动,有些依靠风力驱动,还有一些需要我们亲自去划桨或踩脚踏板。

帆船
sailboat

帆板
sailboard

摩托艇
motorboat

潜水艇可以用于海底探索和科学研究。

货轮是巨型轮船，用来运输货物。

锚是一种金属制品，用来固定船只。

邮轮
liner

　　邮轮是用来运送乘客的大型轮船。它在海上航行，并在不同的港口停靠，以便让乘客们下船参观沿海风光。它能称得上是一座水上城市，因为里面的生活娱乐设施一应俱全：游泳池、餐厅、游戏室、网球场，甚至还有电影院。

这里是前部观景台，视野好极了。

机房里存放着用来保障船舶正常运行的设备。

螺旋桨转得越快，船舶前进的速度就越快！

在水上

人们通常会借助不同类型的水上工具在水上进行体育运动或者娱乐活动。为了安全，我们一定要全程穿好救生衣哦！

充气风筝
inflatable kite

用充气风筝拉着冲浪板在水上滑行，这种运动叫风筝冲浪。

帆板
sailboard

帆板依靠风力在水中行进。帆板运动员通过操纵帆和板体来改变行进的方向。

脚踏船
pedalo

这种小型浮动船配有脚踏系统，脚踏可以带动叶轮★。乘客必须用自己的力量来驱动脚踏船前进。

摩托艇
motorboat

摩托艇又称水上摩托,它由强大的引擎驱动着在水上移动。

皮艇
kayak

划艇者坐在皮艇中,双腿在船内伸直,通过划动双叶桨来让皮艇前进。

赛艇
rowing

赛艇是一项竞速运动,通常由1名、2名、4名或8名桨手操作,桨手背向前进的方向,用桨来划水,使艇前进。

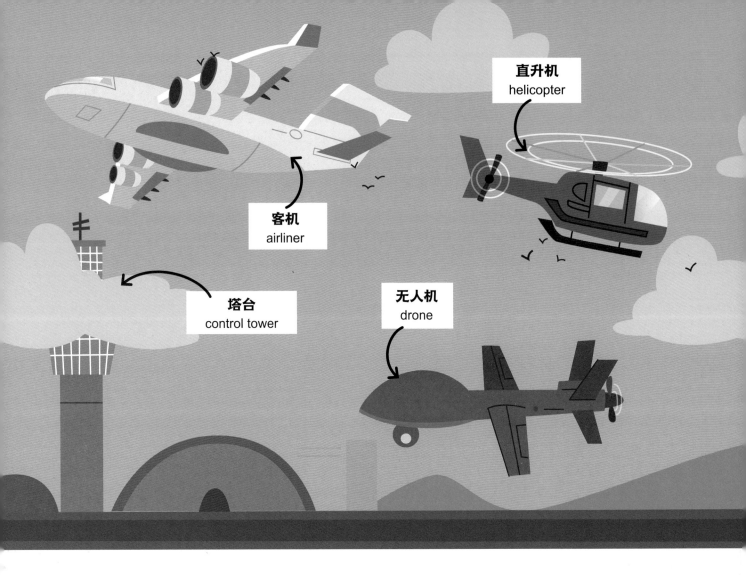

直升机
helicopter

客机
airliner

塔台
control tower

无人机
drone

在天上
sky

当你仰望天空时，也许会看到各种各样的飞行器。有些是运送货物或乘客的，有些是用于休闲娱乐的⋯⋯

热气球
hot-air balloon

喷气式飞机
jet

水上飞机
seaplane

无人机是一种没有驾驶员的飞机或飞行器。它被人远程控制，可用于不同类型的研究工作。

特技表演飞机可以用来在空中进行特技飞行。世界多地都有特技飞行比赛！

超轻型飞机是最轻的一类飞机，它操作简单，适合低空飞行。

客机
airliner

客机指的是非军事用途的飞机，可以把乘客从世界的一端运送到另一端。飞机的每个部分都经过精心设计，为的是确保飞机的飞行安全。

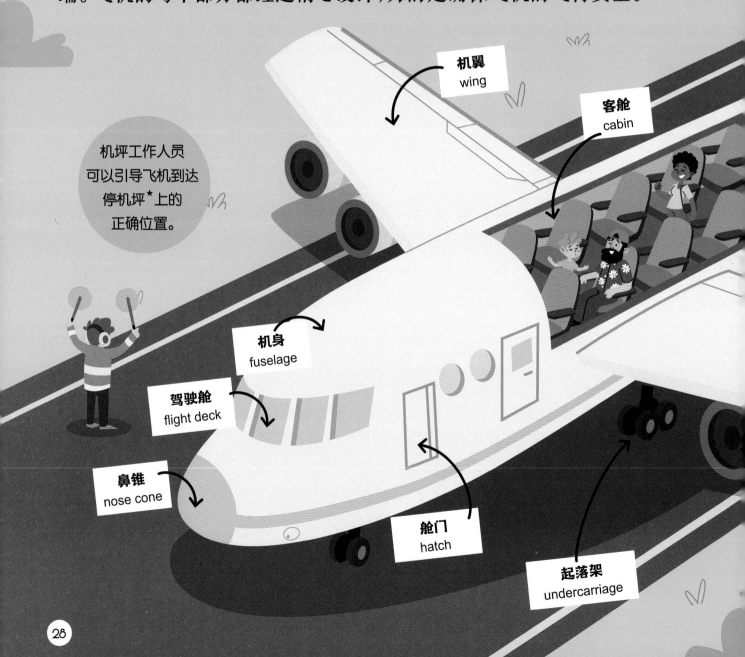

机坪工作人员可以引导飞机到达停机坪*上的正确位置。

机翼
wing

客舱
cabin

机身
fuselage

驾驶舱
flight deck

鼻锥
nose cone

舱门
hatch

起落架
undercarriage

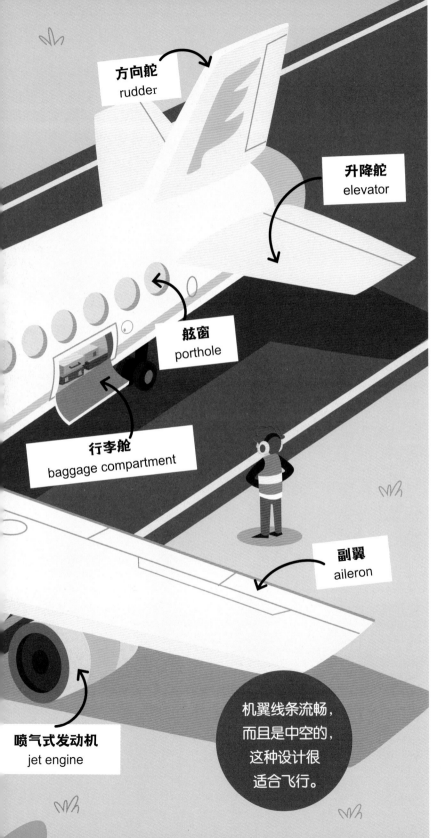

方向舵
rudder

升降舵
elevator

舷窗
porthole

行李舱
baggage compartment

副翼
aileron

喷气式发动机
jet engine

机翼线条流畅，而且是中空的，这种设计很适合飞行。

如果你拉着风筝快速奔跑，风筝下方的气流就会将它托举到空中。

飞机能飞行也是一样的原理。飞机准备起飞时，必须要滑行得非常快才能升到空中。

飞机一旦完成起飞，喷气式发动机就派上用场了，它能让飞机在空中向前飞行。

灭火飞机
firefighting

灭火飞机是消防专用飞机，在扑灭森林大面积火灾方面的表现尤为出色。

搜索救援直升机
helicopter

搜索救援直升机会配备一个绞车*，上面绑着一副担架。它可以进入救护车无法到达的地方展开救援，比如山上、沙漠中。

直升机没有机翼，它是靠旋翼来飞行的。

热气球
hot-air balloon

热气球不能飞，它是靠燃烧器加热气囊内的空气，产生浮力，从而飘浮在空中的。要上升的时候，驾驶员就加热气囊；要下降的时候，驾驶员就会让气囊冷却下来。

热气球随风而行。

吊篮是悬挂在热气球下方的篮子，通常用藤条编织而成。选择藤条是因为这种材料可以在热气球着陆的时候起到更好的缓冲作用。

滑翔机
glider

滑翔机很轻，大多没有动力装置，在无风的情况下，可以在下滑飞行中依靠自身重力获得前进动力。现代滑翔机主要用于体育运动。

卫星
satellite

航天飞机
space shuttle

国际空间站
International Space Station

在太空中
outer space

为了探索太空并收集信息,我们需要很多航天设备。有时,航天局还会将一些宇航员送到太空中,来获取关于太空的新数据*。

火箭
rocket

登月舱是将宇航员送到月球表面和送回飞船的小型太空交通工具。

探测车可以收集着陆星球表面的科学数据。

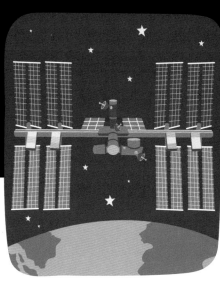

国际空间站围绕地球运转,收集有关太空的科学数据。

航天飞机
space shuttle

航天飞机由3大部分组成。

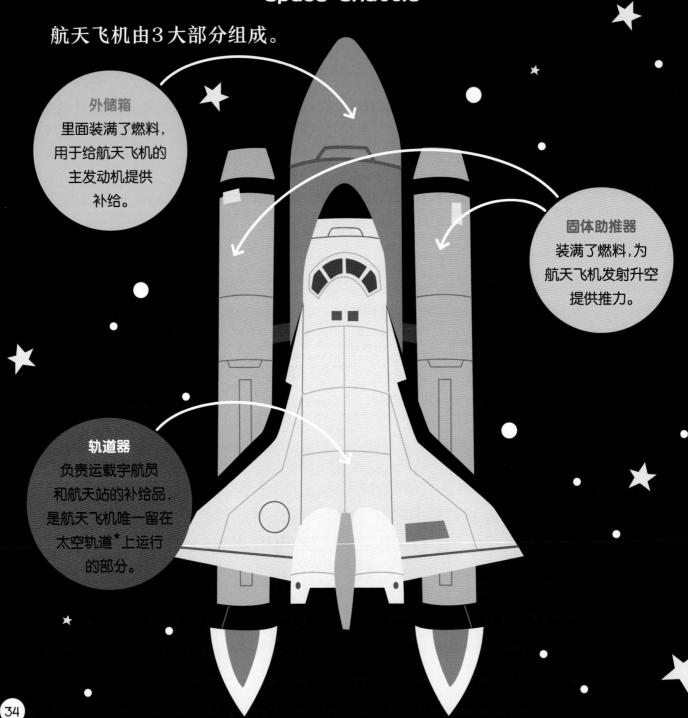

外储箱
里面装满了燃料，用于给航天飞机的主发动机提供补给。

固体助推器
装满了燃料，为航天飞机发射升空提供推力。

轨道器
负责运载宇航员和航天站的补给品，是航天飞机唯一留在太空轨道*上运行的部分。

太空任务
space mission

执行一次太空任务需要准备很长时间,宇航员必须接受多年的训练! 当航天飞机在发射台上组装完成的时候,就可以开始倒计时了!

航天飞机在发射台上完成组装。

3、2、1,点火,起飞,航天飞机升空了!

两分钟之后,两个固体助推器分离,助推器坠回地面。

飞升到一定高度时,外储箱从航天飞机上脱落。

轨道器依靠自身力量推动进入轨道。

太空任务开启了!

战斗机
warplane

水陆两用汽车
amphibious vehicle

军用交通工具
military vehicle

军用车辆能在崎岖不平的地面上行驶，可以用于作战、部队运输和处理其他紧急情况。有些车辆还采用了高级的防护技术，可以防御炸弹和其他重大的危险带来的冲击。

部队运输车
troop carrier

小型军用越野车
light military off-road vehicle

水陆两用车既可以在陆地上行驶，也可以在水中行驶。

坦克是一种配着大炮的装甲*车辆，它有庞大的身躯和厚重的装甲，行驶速度非常缓慢。

军用越野车能行驶很长的距离，它几乎能在任何恶劣的路面上前进，有的甚至可以穿越沙漠。

竞技赛车包括竞技摩托车和竞技汽车，可以比速度和力量，不能在公共道路上行驶。

怪兽卡车
monster truck

在国外，有一种赛车叫怪兽卡车，它有4个超大号轮胎。在比赛中，它用这些轮胎碾压其他车辆或跨越障碍物。

有些怪兽卡车的轮胎直径可达1.8米。

越野摩托车
scrambler

越野摩托车主要用于竞技比赛，它的轮胎经过特别设计，适用于各种地形，如土地和沙地。

比赛期间，赛车手要应对各种各样的障碍物，还要在空中完成多次跳跃。

越野摩托车内部用来支撑车身的悬挂系统能够经受住极大的冲击。

竞技赛车

世界一级方程式锦标赛（简称 F1）是世界上著名的赛车运动。

参加 F1 的赛车配有超强的发动机，在部分赛道的速度甚至可以达到 415 千米 / 小时。

观众席
bleachers

维修区
maintenance area

赛道
racetrack

信号灯
signal light

起跑线
starting line

赛车员
racer

雪地交通工具能让人们在雪地上的出行更加便捷,在很短的时间里从一个地方到达另一个地方。

雪地摩托车
snowmobile

雪地摩托车装有履带和滑雪板,可以在雪上滑行。

这是一种全地形车。

履带式雪地车
snowcat

有的履带式雪地车有一个大客舱,可以运送很多乘客。

破冰船
icebreaker

破冰船可以打破冰层,确保水路畅通,也能把困在冰里的船舶解救出来。

雪橇
dogsled

人们常用狗来拉动雪橇。有些地方,还会举行狗拉雪橇比赛。

雪地出行

北极地区几乎全年都被白雪覆盖着。为了方便出行,这里的车辆必须要设计得适应雪地和寒冷的天气。

行人必须穿上特别保暖的靴子,以防脚被冻伤。

穿上这种雪鞋,人们才不会轻易陷进雪里。

靠近北极的许多地区,人们只能乘飞机到达。

大城市里有许多环保型交通工具可供市民使用。

共享自行车
bicycle

用户在出发点取走一辆自行车，到了目的地之后，再停放在停靠点。

有些共享自行车锁在停车桩上，有些锁在停车点上，城市中的很多地方都有停靠点。

电动滑板车
electric scooter

电动滑板车配备了电力驱动装置，人们只需要把两只脚踩在踏板上，扶着车把控制行驶方向就可以了。

它的车轮小、轻巧简便，是在传统人力滑板的基础上增加了电力装置。

电动汽车
electric car

这种汽车靠电力驱动，而不是靠汽油。这样产生的污染更少，噪声也更小。

电动汽车只需
连接到充电桩上，
充几个小时，
电就满了。

步行巴士
walking bus

早晨和傍晚，
住在同一个街区的
小朋友们会沿着一条
特定的路线走路
往返。

步行巴士其实就是走路！家长护送孩子们步行往返于学校和家之间。每个人都是步行巴士。

世界各地的交通工具

在不同的国家和地区,人们通常会使用适合当地环境的交通工具。

嘟嘟车是一种轻型车辆,在许多亚洲国家都能看到它的身影,特别是在泰国。

在亚洲和非洲的一些国家,人力车相当于游客的出租车。

贡多拉体型较小,在意大利威尼斯的运河上行驶,是当地人的代步工具之一。

三套车是一种大型雪橇，也是当地的传统车辆，由三匹马拉着前行。

奇瓦是一种迷你巴士，可以载人、动物和行李，常见于哥伦比亚的乡下。

双层巴士不仅是运载当地居民通行的交通工具，还是游客们观赏城市风光的观光车。

在炎热的沙漠中，单峰驼帮助人们驮运货物。

引领单峰驼的人叫牵驼人。

在中亚地区，驴也是一种交通工具。它可以抵达很多汽车无法驶入的地方。

人们就像骑马一样跨坐在驴鞍上，在山区和乡间道路上来来往往。

驴还能驮运货物和徒步装备。

在越南,大象被视为友好又忠诚的伙伴。在当地,这种被用作交通工具的大型哺乳动物是绝佳的旅行向导!

加拿大的皇家骑警会骑着马巡逻。

在塞舌尔的拉迪格岛上,牛车相当于出租车,可以带着游客去岛上的各个地方。

词汇表

半径 (radius) : 连接圆心到圆周上任意一点的线段。

骨料 (aggregate) : 不同大小的碎石块和砂,用于道路施工等工程建造。

叶轮 (vane wheel) : 带有桨叶的轮子,通过旋转可以让交通工具完成前进或后退的动作,就像磨坊的轮子一样。

停机坪 (parking apron) : 停放飞机的场地,飞机在起飞前和着陆后在上面滑动。

绞车 (winch) : 能收放缆绳的设备。

数据(data) : 是用于表示客观事物的未经加工的原始素材。可以是符号、文字、数字、语音、图像、视频等。

轨道 (orbit) : 在引力作用下,一个太空物体绕着另一个太空物体运行的曲线路径。

装甲 (armor) : 覆盖在车辆、船只、飞机等上面的一层坚固的钢板。